FORSCHUNGSBERICHTE DES LANDES NORDRHEIN-WESTFALEN

Nr. 1156

Herausgegeben
im Auftrage des Ministerpräsidenten Dr. Franz Meyers
von Staatssekretär Professor Dr. h. c. Dr. E. h. Leo Brandt

DK 677.494.674.001.5:677.494.745
32.001.5:543.257.1:541.64

Dr. rer. nat. Hans Hendrix

Dr. rer. nat. Walter Fester

Textilforschungsanstalt Krefeld

Potentiometrische Endgruppenbestimmung an synthetischen Fasern

Die Bestimmung der sauren Endgruppen an Polyester- und Polyacrylnitrilfasern

WESTDEUTSCHER VERLAG · KÖLN UND OPLADEN 1963

ISBN 978-3-663-06647-7 ISBN 978-3-663-07560-8 (eBook)
DOI 10.1007/978-3-663-07560-8

Verlags-Nr. 011156

Gesamtherstellung: Westdeutscher Verlag

Zusammenfassung

In der vorliegenden Arbeit wird die potentiometrische Titration von Carboxylendgruppen in Polyestern und von sauren Gruppen in Polyacrylnitrilfasern beschrieben. Die Bedeutung dieser Untersuchungen liegt darin, daß einerseits Rückschlüsse auf das Molekulargewicht gezogen und andererseits Vorbehandlungen an Fasern erkannt werden können, sofern diese eine Veränderung in der chemischen Zusammensetzung hervorrufen. Weiter ist die Möglichkeit gegeben, Unterschiede, die durch die Faserherstellung bedingt sind, zu erkennen.

Die Titration der Carboxylendgruppen von Polyesterfasern wurde in Nitrobenzol als Lösungsmittel unter Zusatz einer Isopropylalkohol–Wasser-Mischung (9:1) mit isopropylalkoholischer Kalilauge durchgeführt. Die Bestimmung der Säuregruppen von Polyacrylnitrilfasern wurde in Dimethylformamid als Lösungsmittel durch Titration mit n/10 NaOH vorgenommen.

Verschiedene Fehlerquellen, die die Titrationsergebnisse beeinflussen, werden beschrieben. Die Reproduzierbarkeit der Methoden ist bei Berücksichtigung der geringen Anzahl von Säuregruppen und der Durchführung im organischen Medium befriedigend.

Die Säuregruppen im Polyacrylnitril können durch den Vergleich unserer Analysenergebnisse mit den mikrochemischen Untersuchungen von de Bruyne und Zimmermann als SO_3H-Gruppen angesprochen werden.

Inhalt

1. Einleitung

Die Bedeutung der Endgruppen und ihrer Bestimmung für die Beurteilung von synthetischen Fasern wurden in einer früheren Arbeit [1] eingehend untersucht. Damals wurden die Untersuchungen an Polyamidfasern und an Fraktionen, die aus diesen Fasern durch fraktionierte Fällung erhalten worden waren, bearbeitet. Es hatte sich dabei herausgestellt, daß Erhitzungsvorgänge, wie sie zur sogenannten Thermofixierung der Fasern benutzt werden müssen, eine starke Verminderung der Aminoendgruppen bis zu deren völligem Verschwinden zur Folge haben, während demgegenüber die Carboxylendgruppen ziemlich konstant bleiben. Dasselbe gilt auch für die Viskositätsmessungen.

Hieraus hat sich zunächst die große Bedeutung der Endgruppenbestimmung für die Beurteilung von Veränderungen synthetischer Fasern ergeben. Wir haben deshalb ähnliche Untersuchungen auch an Polyester- und Polyacrylnitrilfasern durchgeführt.

Die analytische Erfassung von feineren Unterschieden chemischer Art bei synthetischen Fasern ist demnach eine Frage, die für die Praxis, insbesondere die Veredlungsindustrie, von großer Bedeutung ist. Sie spielt aber auch für die Verarbeitung eine bedeutende Rolle, weil es u. U. möglich sein kann, auf diese Weise manche Provenienzen voneinander zu unterscheiden bzw. Änderungen, die in gewissen Provenienzen im Laufe der Zeit aufgetreten sind, genauer zu erfassen. Weiterhin können durch solche analytischen Verfahren auch etwaige Veränderungen nach Wärmebehandlungen (Thermofixierung) und Einfluß von Säuren (Carbonisierung u. a. m.) festgestellt werden.

Die Endgruppen in synthetischen Hochpolymeren sind verschiedener Art, bedingt durch das Ausgangsprodukt (Monomere) und das Polymerisationsverfahren. So sind auch die Methoden zu ihrer Bestimmung vom chemischen Aufbau dieser Endgruppen abhängig. Als Standardmethoden finden, wie auch in der niedermolekularen Chemie, einerseits organische Umsetzungsreaktionen und andererseits titrimetrische Verfahren Verwendung. Der Reaktionsablauf läßt sich colorimetrisch oder auch elektrometrisch erfassen.

Die Schwierigkeiten bei hochpolymeren Verbindungen liegen im Gegensatz zu den niedermolekularen vor allen Dingen darin, daß die Anzahl der zu bestimmenden Endgruppen mit steigender Kettenlänge im Verhältnis zur Einwaage immer kleiner wird. Mit Zunahme des Molekulargewichtes nimmt der Dissoziationsgrad von sauren bzw. basischen Gruppen ab und erschwert die Ermittlung des Äquivalenzpunktes bei deren Titration. Als typisches Beispiel dafür sei die homologe Reihe der Fettsäuren genannt.

Die Löseeigenschaften der Makromoleküle sind ebenfalls von ihrer Kettenlänge abhängig. Steigende Kettenlänge bedingt ein Abnehmen der Löslichkeit.

Für die Titration der Endgruppen an Hochpolymeren sind Lösungsmittel geeignet, die weder das Makromolekül verändern noch selbst mit der Titrierlösung reagieren. Dies bedingt, daß die Titrationen vorwiegend in organischen Solventien durchgeführt werden müssen.
Die nachfolgende Arbeit beschränkt sich zunächst auf einige *Verfahren zur potentiometrischen Titration von sauren Endgruppen in Polyesterfasern und in Polyacrylnitrilfasern.* Sie stellt lediglich einen Teil unserer umfangreichen Arbeiten auf diesem Gebiet dar. Die Ausarbeitung solcher Methoden, die sich besonders auf die *Titration in nichtwäßrigen Mitteln* bezieht, hat zeitraubende Untersuchungen erfordert, deren Ergebnis in der folgenden Abhandlung mitgeteilt wird.
Die Erfassung der Endgruppen ist deshalb von Bedeutung, da sie unter der gegebenen Voraussetzung, daß die funktionellen Gruppen sich tatsächlich am Ende der Moleküle befinden, Rückschlüsse auf die Molekküllänge ermöglicht. Weiterhin kann der Einfluß von Behandlungen untersucht werden, die eine Spaltung der Polymerketten bewirken bzw. durch die in der Faser Gruppen gebildet werden, die mit Hilfe dieser Untersuchungsmethoden erfaßt werden können.

2. Potentiometrische Titration von Carboxylendgruppen in Polyesterfasern (H. Hendrix) [2]

Die potentiometrische Bestimmung von Carboxylendgruppen in linearen Polyestern wurde von Fijolka, Lenz und Runge [3] in Aceton, Cyclohexan, Benzol und Chloroform unter Zusatz von absolutem Äthylalkohol durchgeführt.
Diese Lösungsmittel waren für unsere Untersuchungen nicht geeignet, da unser Versuchsmaterial ein höheres Molekulargewicht besaß und deshalb in ihnen nicht mehr löslich war. Nach umfangreichen Vorversuchen erwies sich Nitrobenzol als das geeignetste Lösungsmittel, wobei der Zusatz einer Isopropylalkohol-Wasser-Mischung 9:1 (Volumteile) die Erkennung des Äquivalenzpunktes durch Ausbildung eines größeren Potentialsprunges wesentlich verbesserte.
Bei der Durchführung der Titration mit isopropylalkoholischer Kalilauge trat jedoch die Schwierigkeit auf, daß die Ergebnisse schlecht reproduziert waren. Diese Streuungen konnte man auf die Einwirkung des Kohlendioxyds der Luft zurückführen, das vom Lösungsmittel für die Polyesterfasern aufgenommen wird. Beim Arbeiten unter Ausschluß von Luft durch Überleiten von Stickstoff über die Titrationsflüssigkeit erhielten wir reproduzierbare Ergebnisse. In Tab. 1 und Abb. 1 sind die Werte bzw. die Titrationskurven von zwei Titrationen aufgeführt, wobei einmal ohne und einmal mit Stickstoffüberleitung gearbeitet wurde.
Zur Überprüfung des Blindverbrauchs wurde das Lösungsmittel wie in Abschnitt 2.12 ohne Zusatz von Polyestermaterial behandelt und ebenfalls austitriert. Diese Werte sind in der Rubrik »Blindwert« aufgeführt.

Tab. 1 Titration von Carboxylendgruppen in Polyestermaterial mit und ohne Stickstoffüberleitung

ml 0,02 nKOH	Blindwert (mit Stickstoffüberleitung) SKT	Blindwert ΔSKT / 0,1 ml 0,02 nKOH	Probe 1 (mit Stickstoffüberleitung) SKT	Probe 1 ΔSKT / 0,1 ml 0,02 nKOH	Probe 2 (ohne Stickstoffüberleitung) SKT	Probe 2 ΔSKT / 0,1 ml 0,02 nKOH
0,0	6,55		5,48		5,45	
0,1	8,98	2,43	6,41	0,93	6,30	0,85
0,2	10,92	1,94	7,00	0,59	7,02	0,72
0,3	11,91	0,99	7,59	0,59	7,62	0,60
0,4	12,31	0,40	8,05	0,46	8,12	0,50
0,5	12,49	0,18	8,61	0,56	8,60	0,48
0,6	–		9,51	0,90	9,08	0,48
0,7	–		11,30	1,79	9,60	0,52
0,8	–		12,11	0,81	10,60	1,00
0,9	–		12,41	0,30	11,39	0,79
1,0	–		12,60	0,19	11,78	0,39
1,1	–		–		12,09	0,31
1,2	–		–		12,27	0,18

SKT = Skalenteile auf der pH-Skala
ΔSKT = Differenz der Skalenteile

Die Ergebnisse zeigen, daß bei Anwesenheit von Kohlendioxyd ein höherer Verbrauch an Kalilauge eintritt, so daß unbedingt unter Stickstoff titriert werden muß, um richtige Werte zu erhalten.

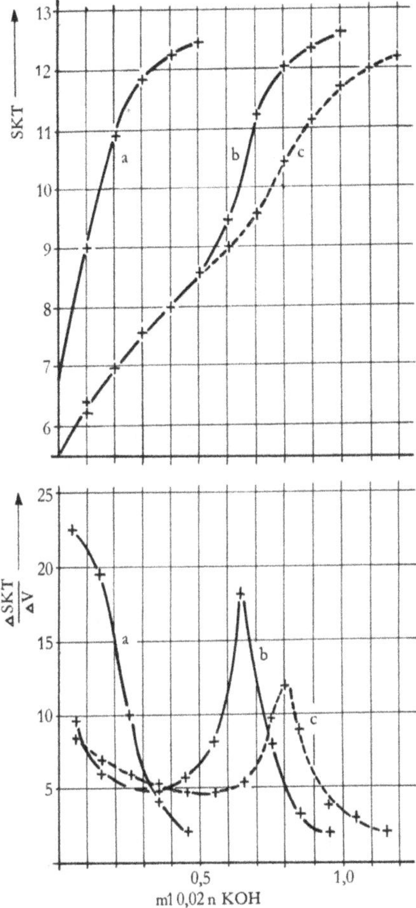

Abb. 1 Titration von Carboxylgruppen in Polyestermaterial mit (Kurve a und b) und ohne (Kurve c) Stickstoffüberleitung

SKT = Skalenteile

$$\frac{\Delta SKT}{\Delta V} = \frac{\text{Differenz der Skalenteile}}{\text{Zugabe an Titrierflüssigkeit}}$$

Bei Zugabe des ersten Tropfens der Titrierflüssigkeit ist bei der Blindprobe der große Potentialsprung zu beobachten, das bedeutet, daß dieser Blindwert vernachlässigt werden kann. Es ist jedoch zu empfehlen, das Lösungsmittelgemisch laufend zu überprüfen, da wir bei verschiedenen Versuchen einen kleinen Blindwert feststellen konnten.

2.1 Die Titration

2.11 Die Apparatur

In Abb. 2a ist die Titrationsanordnung dargestellt. Sie besteht aus dem Meßinstrument zur Spannungsmessung, dem Titrationsgefäß mit Elektroden und Bürette und der Stickstoffbombe mit angeschlossenem Blasenzähler und Natronkalkturm, wobei letzterer zur Entfernung des eventuell im Stickstoff vorhandenen Kohlendioxyds dient.
Zur Spannungsmessung wurde der Titrator Typ TTT 1a der Firma Radiometer verwendet.
Das Titrationsgefäß besteht aus einem Schliffgefäß, das durch einen Schliffdeckel gut verschlossen werden kann. Auf dem Deckel sind zwei Stutzen mit Schliff angesetzt, durch die die Elektroden in die Titrationsflüssigkeit eingeführt werden können. Weiterhin ist eine Eintropfspitze für die Titrationsflüssigkeit angeschmolzen und außerdem eine Eintritts- und Austrittsöffnung für die Überleitung von Stickstoff angebracht. In Abb. 2b ist das Titrationsgefäß getrennt dargestellt.
Als Elektroden werden zur Titration eine Glaselektrode und eine gesättigte Kalomelelektrode verwendet. Die Glaselektrode wurde in Nitrobenzol aufbewahrt, um den Quellzustand der Membran konstant zu halten.

2.12 Praktische Durchführung der Titration

In das Schliffgefäß werden ca. 0,2 g Polyestermaterial eingewogen. Die Probe wird nach Zugabe von 40 ml Nitrobenzol in einem Glycerinbad bei 150° C unter mehrfachem Umschütteln während 6 min gelöst, wobei das Gefäß mit einem Korkstopfen verschlossen ist. Die klare Lösung wird auf Zimmertemperatur (20° C) abgekühlt und nimmt dabei einen gelartigen Charakter an. Danach werden 20 ml einer Isopropylalkohol-Wasser-Mischung 9:1 zugesetzt und der Deckel mit den Elektroden aufgesetzt. Die Gellösung wird nun unter gleichzeitigem Überleiten von Stickstoff 5 min lang kräftig durchgerührt. Nach Vertreibung der Luft durch den Stickstoff und der Durchmischung der Lösung wird mit der Zugabe des Titrationsmittels begonnen.
Es wird mit 0,02 n isopropylalkoholischer Kalilauge, die aus einer 10-ml-Bürette mit aufgesetztem Natronkalkröhrchen in Portionen von 0,1 ml zugegeben wird, titriert. Jeweils nach Zugabe der 0,1 ml Lauge wird die Spannung, wenn sie sich konstant eingestellt hat (etwa 2 min), abgelesen. Auf die gleiche Weise wird vor und nach einer Titrationsreihe jeweils der Blindwert ermittelt, d. h. der Kalilaugeverbrauch des reinen Lösungsmittels (s. Abb. 1, Kurve 1).
Der Gehalt an Carboxylgruppen läßt sich auch durch indirekte Titration ermitteln. Hierbei wird so verfahren, daß man nach fünfminütigem Spülen mit Stickstoff aus einer Pipette 5 ml der 0,02 n Kalilauge zugibt und den Überschuß nach einer Rührzeit von 2 min mit 0,02 n isopropylalkoholischer Salzsäure zurücktitriert. Hierbei muß gegebenenfalls auch der Blindwert mit berücksichtigt werden.

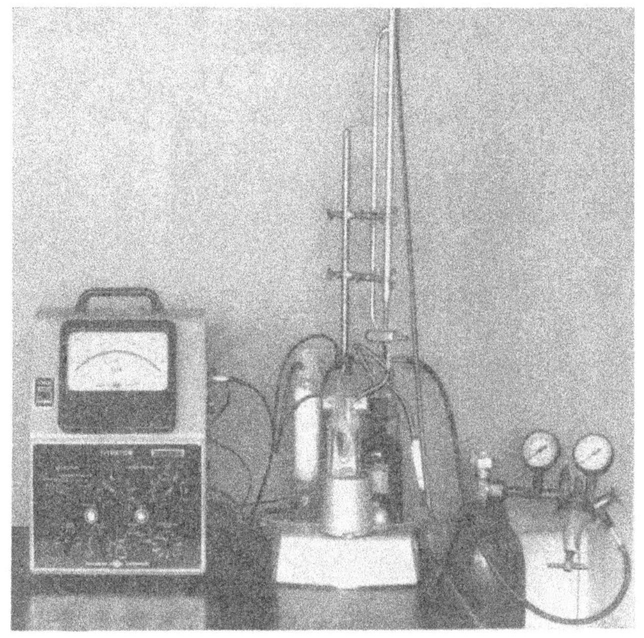

a

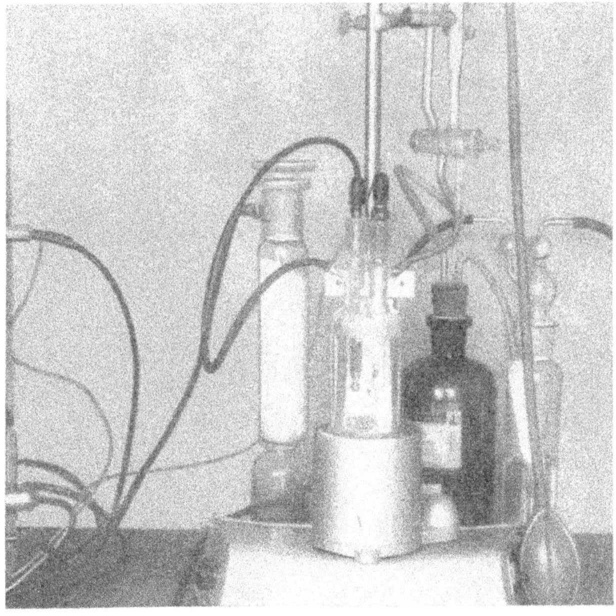

b

Abb. 2 Titrationsanordnung zur Bestimmung der Carboxylgruppen in Polyesterfasern
a) Gesamtansicht
b) Titrationsgefäß mit Elektroden

Nach den beschriebenen Methoden wurde folgender Carboxylgruppengehalt gefunden:

Direkte Titration: $6{,}7 \cdot 10^{-5}$ Äqu. COOH-Gr./g
(Mittel aus zehn Messungen)

Indirekte Titration: $6{,}8 \cdot 10^{-5}$ Äqu. COOH-Gr./g
(Mittel aus fünf Messungen)

Die Ermittlung des Äquivalenzpunktes aus den Titrationsdaten und die Berechnung des Gehaltes an Carboxylgruppen wird in Abschnitt 4 beschrieben.

3. Potentiometrische Titration von Säuregruppen in Polyacrylnitrilfasern (W. Fester) [4]

Bei Untersuchungen über den Färbemechanismus von Polyacrylnitrilfasern mit basischen Farbstoffen haben O. Glenz und W. Beckmann [5, 6] festgestellt, daß im Polyacrylnitril saure Gruppen vorhanden sind, an die der Farbstoff gebunden wird. Sie konnten diese Gruppen direkt mit Natronlauge potentiometrisch titrieren, wobei eine gute Übereinstimmung zwischen den titrimetrisch bestimmten Werten solcher Gruppen und der Farbstoffaufnahme gefunden wurde. Diese Titrationsmethode wurde von uns näher untersucht, weil man nach diesem Verfahren ebenfalls Carboxylgruppen, die durch Verseifung der Nitrilgruppen entstehen können, bestimmen kann.

3.1 Die Titration

3.11 Die Apparatur

Auch bei dieser Titration konnten, wie bei den Polyestern, Fehler dadurch auftreten, daß das Dimethylformamid einen Eigenverbrauch an Lauge hatte und von der Analysenlösung Kohlendioxyd aus der Luft absorbiert wurde. Dies wurde eingehend überprüft. Die Kurve c in Abb. 3 zeigt den Verlauf der Titration von 60 cm^3 frisch destilliertem Dimethylformamid, die keinen Verbrauch von Lauge erkennen läßt. Die gleichen Kurven wurden auch beim Überleiten von Stickstoff erhalten. Es ist jedoch zu empfehlen, das Dimethylformamid vor der Titration zu überprüfen, da es bisweilen von der Herstellung her Ameisensäure enthalten kann. Diese Ausführungen lassen erkennen, daß der Aufwand des Stickstoffüberleitens, wie bei der Titration der Carboxylgruppen im vorigen Kapitel, nicht notwendig ist. Wir können also in diesem Falle in offenen Bechergläsern titrieren. Als Elektrode benutzen wir hier ebenfalls eine Glaselektrode und eine gesättigte Kalomelelektrode. Zur Messung der Spannung benutzen wir das pH-Meter 22 der Firma Radiometer. Insgesamt ist der apparative Aufwand bei dieser Titration geringer als bei der Untersuchung der Polyesterfasern.

3.12 Praktische Durchführung der Titration

Circa 1 g Polyacrylnitrilfasern werden in 60 ml frisch destilliertem Dimethylformamid in einem Becherglas von 150 ml gelöst. Bei der Herstellung der Lösung brauchen keine Vorsichtsmaßregeln eingehalten werden, wie es bei den Polyestern erforderlich war. Es ist ohne Einfluß auf das Titrationsergebnis, ob die Analysenlösung beim Lösen der Fasern lediglich erwärmt oder aber zum Sieden erhitzt wurde und außerdem, ob sie über Nacht frei an der Luft stehen blieb. Dies mag darauf beruhen, daß Kohlendioxyd von Dimethylformamid unter diesen Bedingungen praktisch nicht absorbiert wird.

In die Analysenlösung wird eine Glaselektrode (die in Dimethylformamid aufbewahrt wird) sowie eine gesättigte Kalomelelektrode eingeführt. Die Lösung wird 6 min vorgerührt, damit sich die Elektroden an das Medium der zu titrierenden Lösung gewöhnen. Jeweils 30 sec nach Zugabe von 0,04 ml n/10 NaOH wird die Spannung gemessen. Im Gegensatz zu den Untersuchungen an Polyesterfasern wurde hier das Meßgerät nicht auf die Anzeige im pH-Bereich geschaltet, da sonst lediglich willkürliche Einheiten abzulesen sind. Bei Schaltung auf den Millivolt-Bereich erhält man klar definierte Einheiten. Jedoch können wir auch hier nicht Absolutwerte in Millivolt angeben, da eine Eichung in organischen Lösungsmitteln mit großen Umständen verbunden und für die Differenzmessung nicht erforderlich ist. Als Beispiel einer Messung zeigt die Kurve a in Abb. 3 den Spannungsverlauf einer Titration der Polyacrylnitrilfaser III, die den Kurven b und c in der Abb. 1 entspricht. Dieser Kurvenverlauf entspricht demjenigen einer üblichen potentiometrischen Titration.

Nach dieser Titrationsmethode wurden für den Gehalt an sauren Gruppen folgende Werte gefunden:

	Verbrauch an n/10 NaOH	Äqu./Gramm Säuregruppen
Polyacrylnitrilfaser I	0,37	$3{,}7 \cdot 10^{-5}$
Polyacrylnitrilfaser II	0,33	$3{,}3 \cdot 10^{-5}$
Polyacrylnitrilfaser III	0,29	$2{,}9 \cdot 10^{-5}$
Polyacrylnitrilfaser IV	0,41	$4{,}1 \cdot 10^{-5}$

Trotz allem konnte aber ein relativer Fehler von $\pm$ 2% nicht vermieden werden, da die Spannung nicht exakter gemessen werden konnte.

4. Ermittlung des Äquivalenzpunktes

Der exakte Verbrauch an Natronlauge oder Kalilauge läßt sich aus den Kurven b und c der Abb. 1 und der Kurve a der Abb. 3 schwierig ablesen. Er läßt sich jedoch nach zwei Methoden, die von uns hier angewendet wurden, gut bestimmen.

a) graphisch
b) rechnerisch

Es soll hier ein Beispiel für jede Methode angegeben werden, und zwar für die Titration von Polyacrylnitrilfasern. Für die Polyesterfasern verläuft die Berechnung analog.

Zu a)

Man zeichnet die Spannungsänderung bei Zugabe von 0,04 ml NaOH gegen den Verbrauch an Natronlauge in ein Koordinatensystem ein und erhält hierbei eine

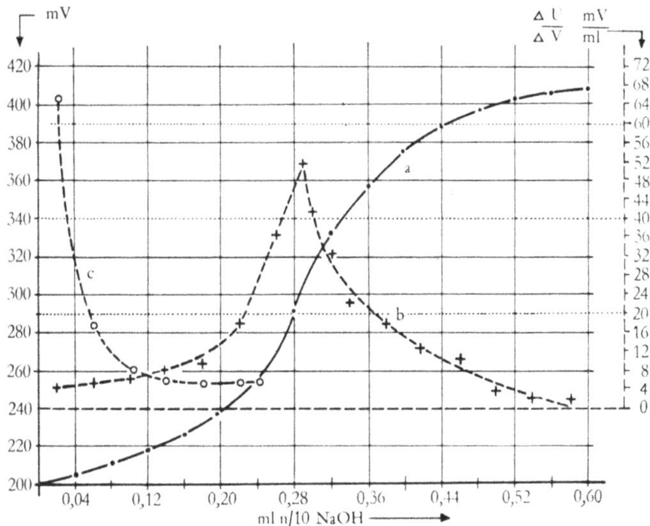

Abb. 3 Spannungsverlauf und Spannungsänderung bei der Titration der Polyacrylnitrilfaser III
a) Kurve des Spannungsverlaufes der Polyacrylnitrilfaser III
b) Kurve der Spannungsänderung der Polyacrylnitrilfaser III
c) Kurve der Spannungsänderung von reinem Dimethylformamid
mV = Millivolt

$$\frac{\Delta U}{\Delta V} = \frac{\text{Spannungsänderung}}{0{,}04 \text{ ml n/10 NaOH}}$$

Kurve mit einem spitzen Maximum (Differentiation der Kurve a in Abb. 3). Die Spitze zeigt den Verbrauch an Natronlauge im Äquivalenzpunkt an (Abb. 3, Kurve b), nämlich 0,29 ml n/10 NaOH. Die einzelnen Meßwerte einer solchen Titration sind in Tab. 2 angegeben.

Tab. 2 Spannungsverlauf während der Titration der Polyacrylnitrilfaser III mit n/10 NaOH

ml n/10 NaOH	n/10 NaOH U in mV	ΔU in mV
0,00	200	5
0,04	205	7
0,08	212	7
0,12	219	8
0,16	227	10
0,20	237	18
0,24	255	37
0,28	292	42
0,32	334	23
0,36	357	19
0,40	376	13
0,44	389	10
0,48	399	5
0,52	400	3
0,56	407	2
0,60	409	

U = Spannung
ΔU = Spannungsänderung
mV = Millivolt

Zu b)

Man sucht aus der Tabelle jene Werte heraus, die die größte Spannungsänderung pro Zugabe von 0,04 ml n/10 NaOH anzeigen, in unserem Falle zwischen 292 und 334 mV. Die Spannungsänderung beträgt 42 mV. Diese Änderung wurde zwischen einem Verbrauch von 0,28 und 0,32 ml n/10 NaOH beobachtet. Weiterhin sucht man jeweils den nächst niederen und nächst höheren Wert heraus und bildet auch aus diesen mit den ersten Werten die Spannungsdifferenz. Aus diesen Spannungsdifferenzen werden nochmals die Differenzen der Spannungsdifferenzen gebildet, und man setzt danach diese Werte in die angegebene Gleichung ein.

Beispiel:

Volumenzugabe in ml	$V_1 = 0{,}24$		$V_2 = 0{,}28$		$V_3 = 0{,}32$		$V_4 = 0{,}36$
abgelesene Spannung U in mV	255		292		334		357
Differenz zwischen den gemessenen Spannungswerten ΔU in mV		37		42		23	
jeweilige Zugabe an n/10 NaOH ΔV in ml		0,04		0,04		0,04	
Differenz zwischen den Spannungsdifferenzen in mV			$U_1 = 5$		$U_2 = 19$		

Das »Umschlagsvolumen« V berechnet sich nach folgender Formel:

$$V = V_2 + \frac{\Delta V \cdot U_1}{U_1 + U_2}$$

Wenn man die obigen Werte einsetzt, erhält man:

$$V = 0{,}28 + \frac{0{,}04 \cdot 5}{5 + 19} = 0{,}29 \text{ ml}$$

1 ml n/10 NaOH entsprechen 10^{-4} Säureäquivalenten oder 0,29 ml n/10 NaOH entsprechen $2{,}9 \cdot 10^{-5}$ Äquivalent Säuregruppen.
Bei den Polyesterfasern berechnet sich der Carboxylendgruppengehalt aus der verbrauchten Menge Kalilauge nach folgender Formel:

$$\frac{\text{ml } 0{,}02 \text{ n KOH} \cdot f \cdot 2}{\text{Einwaage in g}} \cdot 10^{-5} = 10^{-5} \text{ Äqu./g}$$

wobei ml KOH = $\text{Verbrauch}_{\text{Probe}}$ — evtl. $\text{Verbrauch}_{\text{Blindwert}}$
f = Faktor der Lauge ist.

5. Art der sauren Gruppen im Polyacrylnitril

Nach den obigen Ausführungen bleibt nun noch die Frage offen, um welche Art von sauren Gruppen es sich bei den Polyacrylnitrilen handelt.

Da bei der Polymerisation des Acrylnitrils als Katalysator Persulfate verwendet werden, lag die Vermutung nahe, daß es SO_3H-Gruppen sein können, die als Endgruppen vorliegen. Von T. VOGEL, DE BRUYNE und ZIMMERMANN [7] wurde auf mikrochemischem Wege eine Schwefelbestimmung bei Orlon durchgeführt, und sie fanden einen Schwefelgehalt von 0,09%.

Wir haben unsere Titrationsergebnisse bei Orlon mit diesem Schwefelgehalt verglichen und dazu folgende Berechnung durchgeführt:

1 g Orlonfaser verbraucht 0,29 ml n/10 NaOH, d.h. $0{,}29 \cdot 10^{-4}$ Säureäquivalent/1 g Faser sind vorhanden, da 1 ml n/10 NaOH $1{,}0 \cdot 10^{-4}$ Äqu./g Säuregruppen entspricht.

Wenn es sich bei diesen Gruppen um SO_3H-Gruppen (Molekulargewicht 81) handeln sollte, so entsprechen 1 ml n/10 NaOH 8,1 mg SO_3H-Gruppen. Bei einem Verbrauch von 0,29 ml n/10 NaOH müssen $0{,}29 \cdot 8{,}1 = 2{,}34$ mg SO_3H-Gruppen in 1 g Faser vorhanden sein, also 0,23%. Wenn dieser Wert weiter zu dem Schwefelgehalt in Beziehung gesetzt wird, so ergibt sich folgendes:

Das Molekulargewicht der SO_3H-Gruppen ist 81, d.h. in 81 g SO_3H-Gruppen sind 32 g Schwefel enthalten. In der Polyacrylnitrilfaser III wurden 0,23 g SO_3H-Gruppen in 100 g Fasern gefunden, das entspricht

$$\frac{32 \cdot 0{,}23}{81} = 0{,}089 \text{ g Schwefel}$$

oder mit anderen Worten 0,089% Schwefel.

Es ist erstaunlich, wie gut die von uns gefundenen Werte mit jenen von DE BRUYNE und ZIMMERMANN übereinstimmen, da der Schwefelgehalt der Faser nach zwei grundverschiedenen Methoden bestimmt wurde; hieraus kann geschlossen werden, daß es sich bei den Säuregruppen mit großer Wahrscheinlichkeit um SO_3H-Gruppen handeln dürfte.

Dr. rer. nat. HANS HENDRIX
Dr. rer. nat. WALTER FESTER

Literaturverzeichnis

[1] WELTZIEN, W., G. COSSMANN und P. DIEHL, Forsch.-Ber. Nordrhein-Westf. Nr. 301 (1956), S. 32ff.

[2] HENDRIX, H., Dissertation Aachen 1959.

[3] FIJOLKA, P., I. LENZ und F. RUNGE, Makromolekulare Chemie 23 (1957), S. 60–70.

[4] FESTER, W., Dissertation Aachen 1960.

[5] GLENZ, O., und W. BECKMANN, Mell. Text. Ber. 38 (1957), S. 296.

[6] GLENZ, O., und W. BECKMANN, Mell. Text. Ber. 38 (1957), S. 783.

[7] VOGEL, T. J. DE BRUYNE und C. L. ZIMMERMANN, Amer. Dyest. Rep. 47 (1958), S. 581.

FORSCHUNGSBERICHTE
DES LANDES NORDRHEIN-WESTFALEN

Herausgegeben im Auftrage des Ministerpräsidenten Dr. Franz Meyers
von Staatssekretär Prof. Dr. h.c., Dr.-Ing. E. h. Leo Brandt

Textilforschung

Gliederungsübersicht

Allgemeines, Textilphysik, Textilchemie, Textilrohstoffe

Raumklima in Textilindustriebetrieben; insbesondere elektrostatische Raumluftaufladung und relative Luftfeuchtigkeit

Spinnereivorbereitung (Verfahren und Maschinen)

Spinnerei und Zwirnerei (Verfahren und Maschinen)

Nachbehandlung von Garnen und Zwirnen

Beurteilung fertiger Garne und Zwirne nach Herstellungsverfahren und Eigenschaften

Webereivorbereitung (Verfahren und Maschinen)

Weberei (Verfahren und Maschinen)

Beurteilung von Geweben und anderen textilen Flächengebilden nach Herstellungsverfahren und Eigenschaften

Textilveredlung (Bleichen, Färben, Drucken, Ausrüsten)

Arbeitsvorgänge und Maschinen in der Bekleidungsindustrie

Gebrauchsfragen einschließlich Wäscherei und Chemischreinigung

Textilprüfverfahren, Textilprüfgeräte

Betriebswirtschaftliche Untersuchungen auf dem Textilgebiet

Volkswirtschaftliche Untersuchungen auf dem Textilgebiet

Allgemeines, Textilphysik, Textilchemie, Textilrohstoffe

HEFT 34
Prof. Dr. rer. nat. Wilhelm Weltzien, Krefeld
Quellungs- und Entquellungsvorgänge bei Faserstoffen
1953, 52 Seiten, 13 Abb., 13 Tabellen, DM 9,80

HEFT 35
Prof. Dr. phil. nat. Wilhelm Kast, Krefeld
Röntgenographische Feinstrukturuntersuchungen an künstlichen Zellulosefasern verschiedener Herstellungsverfahren.
Teil I: Der Orientierungszustand
1953, 74 Seiten, 30 Abb., 7 Tabellen, DM 13,80

HEFT 64
Prof. Dr. rer. nat. Wilhelm Weltzien und Dr. rer. nat. habil. Johannes Juilfs, Krefeld
Die Kettenlängenverteilung von hochpolymeren Faserstoffen
Über die fraktionierte Fällung von Polyamiden (I)
1954, 44 Seiten, 13 Abb., DM 8,60

HEFT 93
Prof. Dr. phil. nat. Wilhelm Kast, Krefeld
Spinnversuche zur Strukturerfassung künstlicher Zellulosefasern
1954, 82 Seiten, 39 Abb., 6 Tabellen, DM 16,—

HEFT 173
Prof. Dr. phil. nat. Rolf Hosemann und Dipl.-Phys. Günter Schoknecht, Berlin, vorgelegt von Prof. Dr. phil. nat. Wilhelm Kast, Krefeld
Lichtoptische Herstellung und Diskussion der Faltungsquadrate parakristalliner Gitter
1956, 108 Seiten, 63 Abb., 6 Tabellen, DM 24,70

HEFT 260
Prof. Dr. phil. nat. Herbert A. Stuart und Dipl.-Phys. Heinz Gerhard Fendler, Hannover, vorgelegt durch Prof. Dr. phil. nat. Wilhelm Kast, Freiburg (Breisgau)
Lichtzerstreuungsmessungen an Lösungen hochpolymerer Stoffe
1956, 70 Seiten, 20 Abb., 5 Tabellen, DM 15,60

HEFT 261
Prof. Dr. phil. nat. Wilhelm Kast, Freiburg (Br.)
Röntgenographische Feinstrukturuntersuchungen an künstlichen Zellulosefasern verschiedener Herstellungsverfahren.
Teil II: Der Kristallisationszustand
1956, 80 Seiten, 27 Abb., 11 Tabellen, DM 17,20

HEFT 301
Prof. Dr. rer. nat. Wilhelm Weltzien, Dr. rer. nat. Gerda Cossmann und Peter Diehl, Krefeld
Über die fraktionierte Fällung von Polyamiden (II)
1956, 54 Seiten, 1 Abb., 16 Tabellen, DM 11,30

HEFT 433
Dr.-Ing. Günther Satlow, Aachen
Über einige physikalische und chemische Eigenschaften der Wolle von der gewaschenen Wolle bis zum Kammzug
1957, 72 Seiten, 15 Abb., 19 Tabellen, DM 15,25

HEFT 614
Prof. Dr. rer. nat. Wilhelm Weltzien, Dr. rer. nat. habil. Johannes Juilfs und Dr. rer. nat. Werner Bubser, Krefeld
Die Textilforschungsanstalt Krefeld 1920—1958
Ein Bericht zur Einweihung ihres Neubaus Frankenring 2
1958, 78 Seiten, 11 Abb., 5 Baupläne, DM 23,80

HEFT 731
Dr.-Ing. Günther Satlow, Aachen
Hautwolle und Schurwolle. Eine Gegenüberstellung ihrer wichtigsten chemischen und physikalischen Eigenschaften
1959, 96 Seiten, 4 Abb., 31 Tabellen, DM 23,60

HEFT 790
Prof. Dr. phil. nat. Wilhelm Kast, Freiburg/Breisgau und Dipl.-Ing. Victor Elsässer, Leverkusen
Fließvorgänge in der Spinndüse und dem Blaukonus des Cuoxam-Verfahrens
1960, 131 Seiten, 59 Abb., 37 Tabellen, DM 36,50

HEFT 839
Prof. Dr. rer. nat. habil. Johannes Juilfs, Krefeld
Zur Bestimmung der Absolutdichte von Fasern
1960, 24 Seiten, 5 Abb., 3 Tabellen, DM 8,10

HEFT 879
Dipl.-Chem. Dr. rer. nat. Hans-Günther Fröhlich, Mönchengladbach
Einsatz von künstlichen Eiweißfasern in Mischung mit Wolle und Kaninhaar zur Herstellung von Hutfilzen
1960, 42 Seiten, 15 Abb., 10 Tabellen, DM 12,90

HEFT 1084
Dr.-Ing. Günther Satlow, Deutsches Wollforschungsinstitut an der Techn. Hochschule Aachen
Charakteristische Eigenschaften von Rohwollen.
1962, 67 Seiten, 15 Abb., 11 Tabellen, DM 33,80

HEFT 1106
Dr. rer. nat. Werner Bubser, Dr. rer. nat. Walter Fester, Textilforschungsanstalt, Krefeld
Quell- und Lösereaktionen an Polyesterfasern zur Untersuchung von deren Veränderungen und Schädigungen.
1962, 34 Seiten, 14 Abb., 13 Tabellen, DM 16,—

HEFT 1132
Dr. rer. nat. Werner Bubser, Dr. rer. nat. Walter Fester, Textilforschungsanstalt, Krefeld
Untersuchungen über die Anwendung der Trübungstitration bei Polyamiden.
1962, 33 Seiten, 19 Abb., DM 14,50

HEFT 1154
Dr.-Ing. Günter Blankenburg,
Deutsches Wollforschungsinstitut an der Rhein.-Westf. Techn. Hochschule Aachen
Chemische und physikalische Eigenschaften von unveränderter und veränderter Wolle in Beziehung zum Filzvermögen.
In Vorbereitung

HEFT 1156
Dr. rer. nat. Hans Hendrix,
Dr. rer. nat. Walter Fester,
Textilforschungsanstalt, Krefeld
Potentiometrische Endgruppenbestimmung an synthetischen Fasern.
Die Bestimmung der sauren Endgruppen an Polyester- und Polyacrylnitrilfasern.

HEFT 1157
Dr. rer. nat. Walter Fester,
Dr. rer. nat. Hans Hendrix,
Textilforschungsanstalt, Krefeld
Analytische Untersuchungen an Polyacrylnitril- und Polyesterfasern.
In Vorbereitung

HEFT 1205
Dr. rer. nat. Werner Bubser,
Textilforschungsanstalt, Krefeld
Vergleichende Bestimmungen des Schmelzpunktes an synthetischen Faserstoffen.
In Vorbereitung

HEFT 1212
Dr. rer. nat. Heimo Pfeifer, Textil-Technisches Institut der Vereinigten Glanzstoff-Fabriken AG und Deutsches Wollforschungsinstitut an der Rhein.-Westf. Techn. Hochschule Aachen
Über den hydrolytischen und aminolytischen Abbau von Polyesterfasern
In Vorbereitung

Raumklima in Textilindustriebetrieben; insbesondere elektrostatische Raumluftaufladung und relative Luftfeuchtigkeit

HEFT 273
Karl H. W. Tacke, Wuppertal-Barmen
Erfahrungen beim Verspinnen von Perlonfasern und bei der Herstellung von Trikotagen aus gesponnenem Perlon
1956, 36 Seiten, DM 7,90

HEFT 897
Prof. Dr.-Ing. Walther Wegener und
Dipl.-Ing. Dieter Quambusch, Aachen
Zusammenhang zwischen dem Raumklima und der elektrostatischen Aufladung des Spinnmaterials
1960, 86 Seiten, 44 Abb., 5 Tabellen, DM 23,90

HEFT 1119
Prof. Dr. Hans Israel, Dozent für Geophysik und Meteorologie an der Techn. Hochschule Aachen und Dipl.-Ing. H. Bücker
Raumklimatische Untersuchungen im Zusammenhang mit Spinnereiproblemen unter besonderer Berücksichtigung der elektrischen Eigenschaften klimatischer Luft.
In Vorbereitung

Spinnereivorbereitung (Verfahren und Maschinen)

HEFT 97
Obering. Herbert Stein, Mönchengladbach
Ermittlung der Haft-Gleiteigenschaften von Faserbändern und Vorgarnen
2. Bericht der Reihe: Untersuchungen der Verzugsvorgänge an den Streckwerken verschiedener Spinnereimaschinen
1955, 98 Seiten, 34 Abb., DM 21,—

HEFT 397
Dipl.-Ing. Waldemar Rohs und
Dipl.-Ing. Rudolf Otto, Bielefeld
Ungleichmäßigkeiten in Bändern von Bastfaserkarden, ihre Ursachen und Auswirkungen
1957, 60 Seiten, 16 Abb., 42 Diagramme, DM 14,80

HEFT 435
Dipl.-Ing. Waldemar Rohs und
Dipl.-Ing. Ludwig Steinmetz, Bielefeld
Die Massenungleichmäßigkeit von Flachsstreckenbändern in Abhängigkeit von Verzug und Dopplung
1957, 42 Seiten, 4 Abb., 2 Tabellen, DM 9,90

HEFT 479
Prof. Dr.-Ing. Walther Wegener, Aachen, und
Dipl.-Ing. Herbert Fourné, Bochum
Ursachen des Überschreitens der Toleranzgrenze nach oben oder unten (Meter pro Gramm) an der Strecke
1957, 60 Seiten, 17 Abb., 3 Tabellen, DM 14,60

HEFT 609
Dipl.-Ing. Waldemar Rohs und
Dipl.-Ing. Ludwig Steinmetz, Bielefeld
Verteilung der Bastfasern im Verzugsfeld einer Nadelabstrecke
1958, 42 Seiten, 10 Abb., 2 Tabellen, DM 13,45

HEFT 732
Dipl.-Ing. Waldemar Rohs und
Dipl.-Ing. Rudolf Otto, Bielefeld
Messung von Verzugskräften in Nadelfeldern von Bastfaserstrecken
1959, 40 Seiten, 9 Abb., 4 Tabellen, DM 11,60

HEFT 818
Prof. Dr.-Ing. Walther Wegener, Aachen
Grundlegende Untersuchungen zur Frage der Spinnavivierung von Rohbaumwolle
1959, 38 Seiten, 20 Abb., 5 Tabellen, DM 10,70

HEFT 846
Obering. Herbert Stein und
Ing. Martin Eidelsburger, Mönchengladbach
Untersuchungen an Baumwollkarden zwecks Ermittlung der Fehlerursachen für Dickeschwankungen *1960, 46 Seiten, 23 Abb., DM 14,30*

HEFT 847
Obering. Herbert Stein und
Ing. Martin Eidelsburger, Mönchengladbach
Untersuchungen über den Ablauf der Arbeitsvorgänge bei Schlagmaschinen in Baumwoll- und Zellwollaufbereitungsanlagen
1960, 54 Seiten, 29 Abb., DM 16,70

HEFT 896
Prof. Dr.-Ing. Walther Wegener, Aachen
Einfluß der höheren Vorgarndrehung geflyerter Lunten auf die Ungleichmäßigkeit und die dynamometrischen Eigenschaften des fertigen Garnes
1960, 32 Seiten, 12 Abb., 3 Tabellen, DM 9,20

Spinnerei und Zwirnerei (Verfahren und Maschinen)

HEFT 13
Dipl.-Ing. Waldemar Rohs und
Textil-Ing. Gustav Heller, Bielefeld
Das Naßspinnen von Bastfasergarnen mit chemischen Zusätzen zum Spinnbad
1953, 52 Seiten, 4 Abb., 19 Tabellen, DM 10,—

HEFT 238
Obering. Herbert Stein, Mönchengladbach
Theoretische Betrachtungen über den Einfluß schlagender Zylinder und Druckrollen
3. Bericht der Reihe: Untersuchungen der Verzugsvorgänge an den Streckwerken verschiedener Spinnereimaschinen
1956, 66 Seiten, 21 Abb., DM 14,10

HEFT 340
Dipl.-Ing. Waldemar Rohs und
Dipl.-Ing. Rudolf Otto, Bielefeld
Das Naßspinnen von Bastfasergarnen mit Spinnbadzusätzen unter Ausnutzung einer zentralen Spinnwasserversorgungsanlage
1956, 56 Seiten, 2 Abb., 6 Tabellen, DM 11,60

HEFT 378
Obering. Herbert Stein, Mönchengladbach
Beobachtung und meßtechnische Erfassung der Vorgänge im Spinn- und Aufwindefeld von Ringspinn- und Ringzwirnmaschinen
1957, 104 Seiten, 88 Abb., 3 Tabellen, DM 26,90

HEFT 918
Obering. Herbert Stein, Mönchengladbach
Ermittlung des Einflusses verschiedener Streckwerkseinstellungen und der verwendeten Konstruktionsteile auf die Verzugsvorgänge
4. Bericht der Reihe: Untersuchungen der Verzugsvorgänge an den Streckwerken verschiedener Spinnereimaschinen
1960, 44 Seiten. 5 Abb. 13 Tabellen, DM 13,70

HEFT 920
Dipl.-Ing. Rudolf Otto und
Textil-Ing. Manfred Le Claire
Fadenspannungen beim Naßringspinnen von Bastfasern in ihrer Abhängigkeit von Fadenführung und Gestaltung von Ring und Läufer
1960, 54 Seiten, 18 Abb., 14 Tabellen, DM 16,40

HEFT 937
Dipl.-Ing. Waldemar Rohs, Dipl.-Ing. Rudolf Otto und
Textil-Ing. Hugo Griese, Bielefeld
Trockenspinnverfahren für Leinengarne und Einsatz trocken gesponnener Garne in der Leinenweberei
1960, 56 Seiten, 14 Abb., 14 Tabellen, DM 19,90

HEFT 1166
Oberingenieur Herbert Stein,
Institut für textile Meßtechnik Mönchengladbach
Vergleich des Band-Spinnens von Baumwolle und Chemiefasern (ohne Fleyerpassage) mit dem klassischen Baumwollspinnverfahren.
In Vorbereitung

Nachbehandlung von Garnen und Zwirnen

HEFT 20
Dipl.-Ing. Waldemar Rohs, Dr.-Ing. Günther Satlow,
Textil-Ing. Gustav Heller, Bielefeld
Trocknung von Leinengarnen I
Vorgang und Einwerkung auf die Garnqualität
1953, 62 Seiten, 18 Abb., 5 Tabellen, DM 12,—

HEFT 21
Dipl.-Ing. Waldemar Rohs, Dr.-Ing. Günther Satlow,
Textil-Ing. Gustav Heller, Bielefeld
Trocknung von Leinengarnen II
Spulenanordnung und Luftführung beim Trocknen von Kreuzspulen
1953, 66 Seiten, 22 Abb., 9 Tabellen, DM 13,—

HEFT 79
Dipl.-Ing. Waldemar Rohs, Dr.-Ing. Günther Satlow,
Textil-Ing. Gustav Heller, Bielefeld
Trocknung von Leinengarnen III
Spinnspulen- und Spinnkopstrocknung
Vorgang und Einwirkung auf die Garnqualität
1954, 74 Seiten, 18 Abb., 10 Tabellen, DM 14,—

HEFT 172
Dipl.-Ing. Waldemar Rohs, Dr.-Ing. Günther Satlow,
Textil-Ing. Gustav Heller, Bielefeld
Trocknung von Hanfgarnen
Kreuzspultrocknung
1955, 60 Seiten, 7 Abb., 4 Tabellen, DM 10,30

HEFT 185
Dipl.-Ing. Waldemar Rohs und
Textil-Ing. Gustav Heller, Bielefeld
Studien an einem neuzeitlichen Kreuzspultrockner für Bastfasergarne mit Wiederbefeuchtungszone
1955, 52 Seiten, 9 Abb., 3 Tabellen, DM 10,70

HEFT 442
Dipl.-Ing. Waldemar Rohs, Textil-Ing. Hugo Griese und Textil-Ing. Walter Lauer, Bielefeld
Die Auswirkungen der Trocknungsart naßgesponnener Leinengarne auf deren Verarbeitungswirkungsgrad sowie auf die Festigkeits- und Dehnungseigenschaften der Garne und Gewebe
1957, 28 Seiten, 2 Abb., 3 Tabellen, DM 6,50

Beurteilung fertiger Garne und Zwirne nach Herstellungsverfahren und Eigenschaften

HEFT 196
Dipl.-Ing. Waldemar Rohs und Textil-Ing. Hugo Griese, Bielefeld
Auswirkungen von Garnfehlern bei der Verarbeitung von Leinengarnen
1955, 24 Seiten, 3 Abb., 6 Tabellen, DM 7,80

HEFT 339
Prof. Dr.-Ing. Walther Wegener und Dipl.-Ing. Willi Zahn, Aachen
Vergleich des normalen mit verschiedenen abgekürzten Baumwollspinnverfahren in bezug auf Gleichmäßigkeit und Sortierungsstreuung der Garne
1956, 56 Seiten, 17 Abb., 17 Tabellen, DM 12,70

HEFT 632
Prof. Dr.-Ing. Walther Wegener, Aachen
Aufstellung und Vergleich von Variance-within- und Variance-between-Kurven von Garnen, die nach verschiedenen Spinnverfahren hergestellt werden
1958, 76 Seiten, 35 Abb., DM 19,10

HEFT 699
Oberstudiendirektor Dr.-Ing. Erich Wagner, Wuppertal-Barmen
Studium der Drehungsverhältnisse an Perlon- und Nylongarnen zur Herstellung von Strumpfgewirken
1959, 30 Seiten, 11 Abb., DM 9,20

Webereivorbereitung (Verfahren und Maschinen)

HEFT 9
Dipl.-Ing. Waldemar Rohs und Textil-Ing. Gustav Heller, Bielefeld
Untersuchungen über die zweckmäßige Wicklungsart von Leinengarnkreuzspulen unter Berücksichtigung der Anwendung hoher Geschwindigkeiten des Garnes
Vorversuche für Zetteln und Schären von Leinengarnen auf Hochleistungsmaschinen
1952, 48 Seiten, 7 Abb., 7 Tabellen, DM 9,25

HEFT 19
Dipl.-Ing. Waldemar Rohs und Textil-Ing. Hugo Griese, Bielefeld
Die Auswirkung des Schlichtens von Leinengarnketten auf den Verarbeitungswirkungsgrad sowie die Festigkeit und Dehnungsverhältnisse der Garne und Gewebe
1953, 48 Seiten, 1 Abb., 9 Tabellen, DM 9,—

HEFT 63
Prof. Dr. rer. nat. Wilhelm Weltzien und Dipl.-Chem. Paul Ringel, Krefeld
Neue Methoden zur Untersuchung der Wirkungsweise von Textilhilfsmitteln
Untersuchungen über Schlichtungs- und Entschlichtungsvorgänge
1954, 34 Seiten, 1 Abb., 5 Tabellen, DM 6,80

HEFT 338
Prof. Dr.-Ing. Walther Wegener, Aachen, und Dipl.-Ing. Josef Schneider, Mönchengladbach
Die Bedeutung der Knotenart für die Herabminderung der Fadenbrüche
1956, 40 Seiten, 6 Abb., 17 Tabellen, DM 9,80

HEFT 434
Dipl.-Ing. Waldemar Rohs und Dr. rer. nat. Ingeborg Geurten, Bielefeld
Schlichten für Baumwollgarne
1957, 96 Seiten, 3 Abb., zahlr. Tabellen, DM 23,70

HEFT 654
Obering. Herbert Stein und Textil-Ing. Herbert v. d. Weyden, Mönchengladbach, Dipl.-Ing. Waldemar Rohs und Textil-Ing. Hugo Griese, Bielefeld
Untersuchungen an Spulvorrichtungen in der Leinen- und Halbleinenweberei
1958, 98 Seiten, 29 Abb., 33 Tabellen, DM 23,80

HEFT 885
Dr. rer. nat. Ingeborg Lambrinou-Geurten, Krefeld
Einfluß von Fettzusätzen auf das rheologische Verhalten von Schlichteflotten
1960, 58 Seiten, 18 Abb., 3 Tabellen, DM 16,50

HEFT 917
Obering. Herbert Stein und Ing. Gerhard Hoischen, Mönchengladbach
Ermittlung der Vorgänge beim Benetzen und Trocknen von Fäden unter besonderer Berücksichtigung der Arbeitsweise von Schlichtmaschinen
1960, 78 Seiten, 75 Abb., DM 24,10

Weberei (Verfahren und Maschinen)

HEFT 3
Dipl.-Ing. Waldemar Rohs und Textil-Ing. Hugo Griese, Bielefeld
Untersuchungsarbeiten zur Verbesserung des Leinenwebstuhls I
Anpassung der Streichbaumbewegung an die Schaftbewegung. Ermittlung der günstigsten Streichbaumlage
1952, 44 Seiten, 7 Abb., 3 Tabellen, DM 12,50

HEFT 22
Dipl.-Ing. Waldemar Rohs und
Textil-Ing. Hugo Griese, Bielefeld
Die Reparaturanfälligkeit von Webstühlen
1953, 28 Seiten, 7 Abb., 5 Tabellen, DM 5,80

HEFT 41
Dipl.-Ing. Waldemar Rohs und
Textil-Ing. Hugo Griese, Bielefeld
Untersuchungsarbeiten zur Verbesserung des Leinenwebstuhles II
Das Verhalten verschiedener Kettfadenwächtersysteme
1953, 40 Seiten, 4 Abb., 5 Tabellen, DM 7,80

HEFT 80
Dipl.-Ing. Waldemar Rohs und
Textil-Ing. Hugo Griese, Bielefeld
Die Verarbeitung von Leinengarnen auf Webstühlen mit und ohne Oberbau
1954, 30 Seiten, 2 Abb., 2 Tabellen, DM 6,—

HEFT 92
Dipl.-Ing. Waldemar Rohs, Dr.-Ing. Günther Satlow
Textil-Ing. Hugo Griese, Bielefeld,
Obering. Herbert Stein und
Textil-Ing. Berthold Fischer, Mönchengladbach
Messungen von Vorgängen am Webstuhl
1954, 76 Seiten, 45 Abb., DM 15,50

HEFT 163
Dipl.-Ing. Waldemar Rohs und
Textil-Ing. Hugo Griese, Bielefeld
Untersuchungsarbeiten zur Verbesserung des Leinenwebstuhls III
Die Wirkung verschiedener Litzen
Die Stellung der Webschäfte
1955, 80 Seiten, 15 Abb., 18 Tabellen, DM 15,80

HEFT 226
Dipl.-Ing. Waldemar Rohs und
Textil-Ing. Hugo Griese, Bielefeld
Untersuchungen zur Verbesserung des Leinenwebstuhles IV
Die Wirkung verschiedener Kettbaumbremsen auf die Verwebung von Leinengarnen
1956, 64 Seiten, 9 Abb., 4 Tabellen, DM 13,50

HEFT 292
Dipl.-Ing. Waldemar Rohs und
Textil-Ing. Griese, Bielefeld
Webversuche an Leinenwebstühlen mit verbesserter Schaftbewegung
1956, 34 Seiten, 3 Abb., 2 Tabellen, DM 7,60

HEFT 379
Obering. Herbert Stein, Textil-Ing. F. W. Hanings, Mönchengladbach, Dipl.-Ing. Waldemar Rohs,
Textil-Ing. Hugo Griese, Bielefeld
Schußfadenspannung beim Weben
1957, 76 Seiten 17 Abb., 47 Diagramme, 3 Tabellen, DM 18,60

HEFT 494
Dipl.-Ing. Waldemar Rohs und
Textil-Ing. Hugo Griese, Bielefeld
Entwicklung und Erprobung eines verbesserten elektrischen Kettfadenwächtergeschirrs für die Leinen- und Halbleinenweberei
1957, 56 Seiten, 9 Abb., 11 Tabellen, DM 13,—

HEFT 621
Dipl.-Ing. Waldemar Rohs und
Textil-Ing. Hugo Griese, Bielefeld
Untersuchungen zur Verbesserung des Leinenwebstuhles V
Kettbaumbremsen und -regulatoren
1958, 42 Seiten, 6 Abb., 8 Tabellen, DM 11,30

HEFT 869
Dipl.-Ing. Waldemar Rohs und
Textil-Ing. Hugo Griese, Bielefeld
Zusammenwirken von Kett- und Schußfadenspannungen und ihr Einfluß auf den Gewebeausfall
1960, 32 Seiten, 4 Abb., 6 Tabellen, DM 9,90

HEFT 1167
Textil-Ing. Hugo Griese, Techn.
Wissenschaftliches Büro für die
Bastfaserindustrie, Bielefeld
Verbesserung der Wirtschaftlichkeit und des Warenausfalls durch zusätzliche Befeuchtung der verarbeiteten Garne in der Leinen- und Halbleinenweberei.
1962, 33 Seiten, 12 Abb., 6 Tabellen, DM 17,20

Beurteilung von Geweben und anderen textilen Flächengebilden nach Herstellungsverfahren und Eigenschaften

HEFT 29
Dipl.-Ing. Waldemar Rohs
Die Ausnützung der Leinengarne in Geweben
1953, 100 Seiten, 14 Abb., 10 Tabellen, DM 17,80

HEFT 674
Dipl.-Ing. Waldemar Rohs, Bielefeld
Die Ausnutzung der Garnfestigkeit in Halbleinengeweben
1958, 60 Seiten, 6 Abb., DM 14,30

HEFT 749
Dipl.-Ing. Waldemar Rohs und
Textil-Ing. Hugo Griese, Bielefeld
Einfluß verschiedener Webfaktoren auf die Krumpfung von Halbleinen- und Baumwollgeweben
1959, 28 Seiten, 2 Abb., 10 Tabellen, DM 8,60

HEFT 1002
Prof. Dr.-Ing. Walther Wegener und
Dipl.-Ing. Hans Peuker
Die Beziehungen zwischen der Garngleichmäßigkeit und dem Warenbild textiler Flächengebilde
1961, 128 Seiten, 3 Tabellen, DM 42,40

HEFT 1240
Dipl.-Ing. Waldemar Rohs und Dipl.-Ing. Rudolf Otto, Techn.-Wissenschaftliches Büro für die Bastfaserindustrie, Bielefeld
Verbesserung der Verarbeitungseigenschaften von Bastfasergarnen durch Beigabe einer Chemiefaserkomponente
In Vorbereitung

Textilveredlung (Bleichen, Färben, Drucken, Ausrüsten)

HEFT 32
Dipl.-Ing. Waldemar Rohs und Textil-Ing. Hugo Griese, Bielefeld
Der Einfluß der Natriumchloritbleiche auf Qualität und Verwebbarkeit von Leinengarnen und die Eigenschaften der Leinengewebe unter besonderer Berücksichtigung des Einsatzes von Schützen- und Spulenwechselautomaten in der Leinenweberei
1953, 64 Seiten, 2 Abb., 12 Tabellen, DM 11,50

HEFT 69
Dipl.-Ing. Heinz Vollenbruck, Krefeld
Bestimmung des Faserabbaues bei Leinen unter besonderer Berücksichtigung der Leinengarnbleiche
1954, 48 Seiten, 15 Abb., 3 Tabellen, DM 9,60

HEFT 161
Prof. Dr. rer. nat. Wilhelm Weltzien und Dr. rer. nat. Gerd Hauschild, Krefeld
Über Silikone und ihre Anwendung in der Textilveredlung
1955, 162 Seiten, 22 Abb., 10 Tabellen, DM 27,—

HEFT 452
Prof. Dr. rer. nat. Wilhelm Weltzien und Dr. phil. nat. Karin Windeck, Krefeld
Veränderungen an Fasern bei der Bleiche mit Natriumchlorid und über einige Vergilbungserscheinungen
1957, 64 Seiten, 3 Abb., 13 Tabellen, DM 14,85

HEFT 496
Dipl.-Chem. Peter Vogel, Krefeld
Färberische Eigenschaften von zur Herstellung von Verdickungen in der Stoffdruckerei bestimmter Stoffen
1957, 38 Seiten, 3 Abb., 3 Tabellen, DM 9,30

HEFT 498
Prof. Dr.-Ing. Helmut Zahn und Dr. rer. nat. Wolfgang Gerstner, Aachen
Herstellung säurefester technischer Gewebe
1957, 40 Seiten, 8 Tabellen, DM 9,65

HEFT 501
Dipl.-Ing. Waldemar Rohs und Dr. rer. nat. Ingeborg Geurten, Bielefeld
Untersuchungen in der Leinengarnbleiche
1958, 50 Seiten, 5 Abb., 5 Tabellen, DM 11,50

HEFT 761
Dr. rer. nat. Ingeborg Lambrinou-Geurten, Bielefeld
Untersuchungen zur rationellen Durchfärbbarkeit von Bastfasergarnen
1959, 54 Seiten, 1 Abb., 16 Tabellen, DM 14,10

HEFT 816
Dr. rer. nat. Helmut Pfannmüller, Textil-Chemikerin Margret Pfannmüller und Prof. Dr.-Ing. Helmut Zahn, Aachen
Die Bewetterung chemisch modifizierter Wollgarne
1960, 28 Seiten, DM 10,10

HEFT 1020
Dr. rer. nat. Ingeborg Lambrinou-Geurten, Bielefeld
Das Bleichen von Pflanzenfasern mit Chlordioxyd-Erprobung eines neuen Bleichverfahrens in der Leinengarnbleiche
1961, 40 Seiten, 10 Abb., 6 Tabellen, DM 14,20

Arbeitsvorgänge und Maschinen in der Bekleidungsindustrie

HEFT 940
Dr.-Ing. Günther Satlow und Dr. rer. nat. Tarsilla Gerthsen, Aachen
Einfluß des Bügelns mit der Hoffmann-Presse auf einige Eigenschaften der Wolle
1960, 46 Seiten, 21 Tabellen, DM 13,50

Gebrauchsfragen einschließlich Wäscherei und Chemischreinigung

HEFT 15
Dipl.-Ing. Herbert Schmidt, Krefeld
Trocknen von Wäschestoffen
I. Lufttrocknung: Untersuchungen an Tumblern
1953, 40 Seiten, 14 Abb., 2 Tabellen, DM 9,—

HEFT 70
Dipl.-Ing. Herbert Schmidt, Krefeld
Trocknen von Wäschestoffen
II. Kontakttrocknung: Untersuchungen über den Trockenvorgang und die Wäschebeanspruchung bei der Kontakttrocknung
1954, 42 Seiten, 18 Abb., 3 Tabellen, DM 10,—

HEFT 84
Dr. med. habil. Dr. phil. Heinz Baron, Düsseldorf
Über Standardisierung von Wundtextilien
1954, 32 Seiten, DM 6,40

HEFT 119
Dipl.-Ing. Herbert Schmidt, Krefeld
Wäscherei- und energietechnische Untersuchung einer Gemeinschafts-Waschanlage
1955, 50 Seiten, 18 Abb., DM 10,20

HEFT 159
Textil-Chem. Oskar Oldenroth, Krefeld
Das Bleichen von Weißwäsche mit Wasserstoffsuperoxyd bzw. Natriumhypochlorid beim maschinellen Waschen
1955, 54 Seiten, 23 Abb., 2 Tabellen, DM 11,45

HEFT 171
Dipl.-Ing. Herbert Schmidt, Krefeld
Untersuchung der Wäscheentwässerung mit Hilfe von Zentrifugen und Pressen
1955, 42 Seiten, 16 Abb., 4 Tabellen, DM 9,70

HEFT 236
Dr.-Ing. Oswald Viertel und
Susanne Brückner-Lucas, Krefeld
Ergebnisse einer Hausfrauenbefragung über Wascheinrichtungen und Waschmethoden in städtischen Haushaltungen
1956, 34 Seiten, 4 Abb., DM 7,60

HEFT 393
Dr.-Ing. Oswald Viertel und
Susanne Brückner-Lucas, Krefeld
Arbeitszeitstudien an Haushaltwaschmaschinen
1957, 74 Seiten, 8 Abb., 13 Tabellen, DM 17,30

HEFT 587
Dipl.-Ing. Herbert Schmidt, Krefeld
Auswirkung der Strömungsverhältnisse in Trommelwaschmaschinen unter besonderer Berücksichtigung des Durchlaufspülens
1958, 20 Seiten, 8 Abb., DM 8,45

HEFT 722
Dr.-Ing. Oswald Viertel und Eva Malz, Krefeld
Mechanische Wäschebeanspruchung und Waschwirkung in Rührwerkmaschinen
1959, 59 Seiten, 25 Abb., 23 Tabellen, DM 16,50

HEFT 826
Dr.-Ing. Oswald Viertel und Eva Schmahl, Krefeld
Arbeitszeitstudien an Haushaltbottichwaschmaschinen gleicher Art und Größe mit verschiedener Ausstattung
1960, 37 Seiten, 10 Abb., 4 Tabellen, DM 12,20

HEFT 850
Dr.-Ing. Oswald Viertel, Krefeld
Maßveränderung und Faserbeanspruchung von Wäschestoffen bei verschiedenen Trocknungsverfahren
1960, 34 Seiten, 9 Abb., 12 Tabellen, DM 10,70

HEFT 865
Textil-Ing. Josef Ilg, Krefeld
Ermittlung des Gebrauchswertes von Handtüchern verschiedener Qualität
1960, 45 Seiten, 6 Abb., 22 Tabellen, DM 13,20

HEFT 892
Dipl.-Ing. Herbert Schmidt, Krefeld
Untersuchung über die Wäschebewegung in Trommelwaschmaschinen unter besonderer Berücksichtigung der Reinigungswirkung und des Faserabriebs
1960, 28 Seiten, 9 Abb., DM 9,—

HEFT 960
Edith Schirmer und
Dipl.-Ing. Herbert Schmidt, Krefeld
Prüfung von Heimtrocknern (Trommeltrockner) auf Wirkungsgrad und Gewebeangriff
1961, 42 Seiten, 15 Abb., DM 13,50

HEFT 1120
Dr.-Ing. O. Viertel,
Dipl.-Ing. Eberhard Wagner,
Wäschereiforschung Krefeld
Ursachen der Fleckbildung beim Waschen mit optische Aufheller enthaltenden Waschmitteln und Möglichkeiten zur Beseitigung dieser Schwierigkeiten.
1962, 38 Seiten, 19 Abb., 1 Tabelle, DM 17,80

HEFT 1254
Dipl.-Chem. Harald Hedenetz und Dr.-Ing. Friedrich Dehnert, Forschungsstelle Chemiereinigung e.V., Krefeld
Vergrauungsfaktoren in der Chemischreinigung
In Vorbereitung

Textilprüfverfahren, Textilprüfgeräte

HEFT 17
Obering. Herbert Stein, Mönchengladbach
Vergleichende Prüfung mit verschiedenen Dickenmeßgeräten (1. Bericht der Reihe: Untersuchungen der Verzugsvorgänge an den Streckwerken verschiedener Spinnereimaschinen)
1952, 36 Seiten, 15 Abb., DM 8.—

HEFT 18
Dipl.-Ing. Heinz Vollenbruck, Krefeld
Grundlagen zur Erfassung der chemischen Schädigung beim Waschen
1953, 68 Seiten, 15 Abb., 15 Tabellen, DM 12,75

HEFT 26
Dipl.-Ing. Waldemar Rohs und
Textil-Ing. Gustav Heller, Bielefeld
Vergleichende Untersuchungen zweier neuzeitlicher Ungleichmäßigkeitsprüfer für Bänder und Garne hinsichtlich ihrer Eignung für die Bastfaserspinnerei
1953, 64 Seiten, 30 Abb., DM 12,50

HEFT 85
Prof. Dr. rer. nat. Wilhelm Weltzien und
Dr. rer. nat. habil. Johannes Juilfs, Krefeld
Physikalische Untersuchungen an Fasern, Fäden, Garnen und Geweben:
Untersuchungen am Knickscheuergerät nach Weltzien
1954, 40 Seiten, 11 Abb., 8 Tabellen, DM 10,—

HEFT 199
Dr. rer. nat. habil. Johannes Juilfs, Krefeld
Die Messung von Gewebetemperaturen mittels Temperaturstrahlung
1955, 50 Seiten, 12 Abb., DM 10,90

HEFT 302
Prof. Dr.-Ing. Walther Wegener und Dipl.-Ing. Willi Zahn, Aachen
Untersuchungen von gesponnenen Garnen auf ihre Gleichmäßigkeit nach verschiedenen Meßmethoden
1956, 58 Seiten, 34 Abb., 1 Tabelle, DM 15,20

HEFT 307
Dr. rer. nat. habil. Johannes Juilfs, Krefeld
Vergleichende Untersuchungen zur elastischen und bleibenden Dehnung von Fasern
1956, 36 Seiten, 11 Abb., DM 8,30

HEFT 308
Dr. rer. nat. habil! Johannes Juilfs, Krefeld
Zur Messung der Fadenglätte
1956, 22 Seiten, 10 Abb., 2 Tabellen, DM 8,—

HEFT 358
Prof. Dr. rer. nat. Wilhelm Weltzien, Dipl.-Chem. Paul Ringel und Text.-Ing. Hans Kirchhoff, Krefeld
Die Waschechtheit von Färbungen. Vergleichende Untersuchungen auf dem Gebiete der Echtheitsprüfung
1958, 26 Seiten, 12 Farbtafeln, DM 58,—

HEFT 381
Dr. rer. nat. habil. Johannes Juilfs, Krefeld
Zur Dichtbestimmung von Fasern. Methoden und Beispiele der praktischen Anwendung
1957, 76 Seiten, 34 Abb., 18 Tabellen, DM 17,—

HEFT 436
Dr. rer. nat. habil. Johannes Juilfs, Krefeld
Zur Bestimmung der Reißlast (Zugfestigkeit) von Fasern, Fäden und Garnen
1959, 26 Seiten, 7 Abb., 5 Tabellen, DM 8,60

HEFT 499
Dr. rer. nat. habil. Johannes Juilfs, Krefeld
Die Bestimmung des Wasserrückhaltevermögens (bzw. des Quellwertes) von Fasern
1958, 42 Seiten, 8 Abb., 8 Tabellen, DM 10,35

HEFT 500
Dr. rer. nat. habil Johannes Juilfs, Krefeld
Vergleichende Untersuchungen am Schopper-Scheuerprüfgerät
1958, 60 Seiten, 34 Abb., verschied. Tabellen, DM 18,10

HEFT 633
Prof. Dr.-Ing. Walther Wegener und Dipl.-Ing. Egon Haase-Deyerling, Aachen
Entwicklung und Bau eines vollautomatischen Faserlängenprüfgerätes (Stapelprüfgerät) auf kapazitiver Grundlage, Erprobungen dieses Gerätes und Vergleich mit den bislang üblichen Verfahren auf manueller Basis
1958, 36 Seiten, 15 Abb., 5 Tabellen, DM 10,10

HEFT 700
Obering. Herbert Stein, Mönchengladbach
Zugprüfungen an Textilien mit einer weglosen, elektronischen Kraftmeßeinrichtung
1958, 103 Seiten, 62 Abb., 3 Tabellen, DM 32,—

HEFT 730
Obering. Herbert Stein und Dipl.-Phys. Siegfried Hobe, Mönchengladbach
Gerät zum Auffinden von Fadenverdickungen bei hohen Prüfgeschwindigkeiten
1959, 56 Seiten, 28 Abb., 2 Tabellen, DM 14,80

HEFT 817
Dr. rer. nat. Hansjürgen Kessler, Aachen
Die Zwei- und Dreifaseranalyse auf Grund der Bestimmung von Cystin und Stickstoff
1960, 28 Seiten, DM 8,70

Betriebswirtschaftliche Untersuchungen auf dem Textilgebiet

HEFT 186
Dr. rer. pol. Erich Wedekind, Textil-Ing. Peter Dämkes und Wolfgang v. d. Mark, Krefeld
Untersuchung zur Arbeitsgestaltung bei der Fertigstellung von Oberhemden in gewerblichen Wäschereien
1955, 124 Seiten, 28 Abb., 6 Tabellen, 2 Falttafeln, DM 12,—

HEFT 197
Dr. rer. pol. Erich Wedekind und Textil-Ing. Wilhelm Gartz, Krefeld
Untersuchungen zur Bestimmung der optimalen Arbeitsplatzgröße bei Mehrstuhlarbeit in der Weberei
1955, 92 Seiten, 34 Abb., DM 18,50

HEFT 631
Dr. rer. pol. Erich Wedekind und Textil-Ing. Wilhelm Gartz, Krefeld
Der Einfluß der Automatisierung auf die Struktur der Maschinen und Arbeiterzeiten am mehrstelligen Arbeitsplatz in der Textilindustrie
1958, 86 Seiten, 34 Abb., DM 21,10

HEFT 715
Dr. rer. pol. Erich Wedekind, Textil-Ing. Fritz Kuntze und Textil-Ing. Peter Dämkes, Krefeld
Die Auftragsplanung und Arbeitsorganisation in gewerblichen Wäschereien
1959, 116 Seiten, 25 Abb., DM 29,50

HEFT 827
Dr.-Ing. Egon Sattler,
Verband Deutscher Streichgarnspinner, Düsseldorf
Disposition mit Arbeitsvorbereitung in der einstufigen (Verkaufs-) Streichgarnspinnerei
1960, 60 Seiten, DM 15,90

HEFT 828
Textil-Ing. C. Brzeskiewicz,
Verband der Deutschen Tuch- und Kleiderstoffindustrie e. V., Köln
Disposition mit Arbeitsvorbereitung und Vertriebsvorbereitung in der Tuch- und Kleiderstoffindustrie *1960, 67 Seiten, 8 Anlagen, DM 17,90*

HEFT 874
Dr. rer. pol. Erich Wedekind und
Textil-Ing. Hartmut Kokerbeck, Krefeld
Untersuchungen über rationelle Arbeitsweisen bei Preß- und Bügelvorgängen in Chemisch-Reinigungsbetrieben *1960, 102 Seiten, 17 Abb., zahlr. Tabellen, DM 26,50*

HEFT 1237
Verband Deutscher Streichgarnspinner e. V., Düsseldorf
Betriebsvergleich in den Streichgarnspinnereien, Teil I, bearbeitet vom Forschungsinstitut für Rationalisierung an der Rhein.-Westf. Techn. Hochschule Aachen, Direktor: Prof. Dr.-Ing. J. Mathieu
In Vorbereitung

Volkswirtschaftliche Untersuchungen auf dem Textilgebiet

HEFT 222
Dr. rer. pol. Lutz Köllner und
Dipl.-Volksw. Manfred Kaiser, Münster
Die internationale Wettbewerbsfähigkeit der westdeutschen Wollindustrie
1956, 214 Seiten, 5 Abb., DM 39,50

HEFT 323
Prof. Dr. Rudolf Seyffert, Köln
Wege und Kosten der Distribution der Textilien, Schuh- und Lederwaren
1956, 98 Seiten, 37 Tabellen, 1 Falttafel, DM 12,—

HEFT 607
Dr. rer. pol. Hyronimus Schlachter, Münster
Die Wettbewerbslage der westdeutschen Juteindustrie
1958, 137 Seiten, 35 Tabellen, DM 32,—

HEFT 819
Dipl.-Volksw. Dr. rer. pol. Heinz Hubert Kaup, Münster
Einkommen und Textilverbrauch
1960, 92 Seiten, 34 Tabellen, DM 23,20

HEFT 911
Dr. rer. pol. Hannedore Kahmann und
Dipl.-Volksw. Renate Papke, Münster (Westf.)
Langfristige Strukturwandlungen und Anpassungsprozesse der britischen Baumwollindustrie unter dem Einfluß der Industrialisierung in Indien und anderen asiatischen Ländern
1960, 120 Seiten, 38 Tabellen, DM 31,20

HEFT 1036
Dipl.-Kfm. Dr. Eduard Terrahe, Münster
Möglichkeit und Grenzen einer Rationalisierung und Automatisierung in der westdeutschen Baumwollrohweberei. Ein Beitrag zur Beurteilung ihrer Wettbewerbsfähigkeit gegenüber USA, Japan und Indien
1961, 232 Seiten, 51 Tabellen, DM 49,—

HEFT 1069
Dipl.-Volksw. Dr. Wolfgang Rothe
Internationaler Preis- und Kaufkraftvergleich für Bekleidung in Ländern des gemeinsamen Marktes und der Freihandelszone
1962, 226 Seiten, Tabellen, DM 43,—

HEFT 1115
Dipl.-Volksw. Dr. Wilhelm Kurth,
im Auftrage der Forschungsstelle für allgemeine und textile Marktwirtschaft an der Universität Münster
Vermögensbestand und Kapitalbedarf in einigen Zweigen der Textilindustrie.
1962, 146 Seiten, 9 Abb., 33 Tabellen, DM 52,—

HEFT 1234
Dipl.-Volkswirt Dr. Klaus Hoffarth,
Forschungsstelle für allgemeine und textile Marktwirtschaft an der Universität Münster
Lagerhaltung und Konjunkturverlauf in der Textilwirtschaft
In Vorbereitung

Verantwortlich für die Zusammenstellung und Gliederung dieser Übersicht Dipl.-Volksw. Klaus Forstmann, Ministerium für Wirtschaft, Mittelstand und Verkehr des Landes Nordrhein-Westfalen, Düsseldorf.

Ein Gesamtverzeichnis der Forschungsberichte, die folgende Gebiete umfassen, kann vom Verlag angefordert werden:
Azetylen / Schweißtechnik - Arbeitswissenschaft - Bau / Steine / Erden - Bergbau - Biologie - Chemie - Eisenverarbeitende Industrie - Elektrotechnik / Optik - Fahrzeugbau / Gasmotoren - Farbe / Papier / Photographie - Fertigung - Funktechnik / Astronomie - Gaswirtschaft - Hüttenwesen / Werkstoffkunde - Kunststoffe - Luftfahrt / Flugwissenschaften - Maschinenbau - Medizin / Pharmakologie / NE-Metalle - Physik - Schall / Ultraschall - Schiffahrt - Textiltechnik / Faserforschung / Wäschereiforschung - Turbinen - Verkehr - Wirtschaftswissenschaft.

Die Arbeitsgemeinschaft für Forschung des Landes Nordrhein-Westfalen vereinigt unabhängige Wissenschaftler in einer Gemeinschaftsarbeit. Führende Fachleute aller Fakultäten haben sich zusammengefunden, um in persönlichem Kontakt und über die Grenzen des Fachgebietes hinaus Wege zu größeren Übersichten auf wissenschaftlichem Gebiet zu bahnen. Die Arbeitsgemeinschaft vereinigt die Vertreter der Grundlagenforschung und der Zweckforschung.
Die Ergebnisse der Forschungsarbeit werden auf den monatlichen Sitzungen von Fachwissenschaftlern vorgetragen und dann mit den Mitgliedern der Arbeitsgemeinschaft diskutiert. Um die wertvollen Ergebnisse dieser Sitzungen über den Mitgliederkreis hinaus allen interessierten Stellen zugänglich zu machen, werden diese in einer besonderen Schriftenreihe veröffentlicht. Die Veröffentlichungen der AGF gliedern sich in eine naturwissenschaftliche und geisteswissenschaftliche Reihe. Unabhängig davon erscheinen die Forschungsberichte.

VERÖFFENTLICHUNGEN DER ARBEITSGEMEINSCHAFT FÜR FORSCHUNG

DES LANDES NORDRHEIN-WESTFALEN

Herausgegeben im Auftrage des Ministerpräsidenten Dr. Franz Meyers
von Staatssekretär Prof. Dr. h. c., Dr.-Ing. E. h. Leo Brandt

Geisteswissenschaftliche Reihe

HEFT 1
Prof. Dr. Werner Richter, Bonn
Von der Bedeutung der Geisteswissenschaften für die Bildung unserer Zeit
Prof. Dr. Joachim Ritter, Münster
Die Lehre vom Ursprung und Sinn der Theorie bei Aristoteles
1953, 64 Seiten, kartoniert DM 2,90

HEFT 6
Prälat Prof. Dr. Dr. h. c. Georg Schreiber, Münster
Deutsche Wissenschaftspolitik von Bismarck bis zum Atomwissenschaftler Otto Hahn
1954, 102 Seiten, 7 Abb., kartoniert DM 5,—

HEFT 15
Prof. Dr. Franz Steinbach, Bonn
Der geschichtliche Weg der wirtschaftenden Menschen in die soziale Freiheit und politische Verantwortung
1954, 76 Seiten, kartoniert DM 2,90

HEFT 20
Prof. Dr.Ludwig Raiser, Bad Godesberg
Rechtsfragen der Mitbestimmung
1954, 48 Seiten, kartoniert DM 2,—

HEFT 25
Prof. Dr. Hans Peters, Köln
Die Gewaltentrennung in moderner Sicht
1954, 48 Seiten, kartoniert DM 2,20

HEFT 49
Prof. D. Dr. Friedrich Karl Schumann, Münster
Mythos und Technik
1958, 60 Seiten, kartoniert DM 4,—

HEFT 52
Prof. Dr. Hans J. Wolff, Münster
Die Rechtsgestalt der Universität
1956, 48 Seiten, kartoniert DM 2,65

HEFT 66
Prof. Dr. Werner Conze, Münster
Die Strukturgeschichte des technisch-industriellen Zeitalters als Aufgabe für Forschung und Unterricht
1957, 52 Seiten, kartoniert DM 2,70

HEFT 72
Prof. Dr. Josef Pieper, Essen
Über den Begriff der Tradition
1958, 66 Seiten, kartoniert DM 3,70

HEFT 79
Prof. Dr. Paul Gieseke, Bad Godesberg
Eigentum und Grundwasser
1959, 32 Seiten, kartoniert DM 2,60

HEFT 80
Prof. Dr. Dr. Werner Richter, Bonn
Wissenschaft und Geist in der Weimarer Republik
1958, 32 Seiten, kartoniert DM 2,60

HEFT 85
André George, Paris
Der Humanismus und die Krise der Welt von heute
1959, 40 Seiten, kartoniert DM 2,70

Naturwissenschaft · Technik · Wirtschaft

HEFT 2
Prof. Dr.-Ing. Wolfgang Riezler, Bonn
Probleme der Kernphysik
Prof. Dr. Fritz Micheel, Münster
Isotope als Forschungsmittel in der Chemie und Biochemie
1951, 40 Seiten, 10 Abb., kartoniert DM 2,40

HEFT 8
Prof. Dr.-Ing. Wilhelm Fucks, Aachen
Die Naturwissenschaft, die Technik und der Mensch
Prof. Dr. Walther Hoffmann, Münster
Wirtschaftliche und soziologische Probleme des technischen Fortschrittes
1952, 84 Seiten, 12 Abb., kartoniert DM 4,80

HEFT 12
Dr. Hermann Rathert, Wuppertal-Elberfeld
Entwicklung auf dem Gebiet der Chemiefaser-Herstellung
Prof. Dr. Wilhelm Weltzien, Krefeld
Rohstoff und Veredelung in der Textilwirtschaft
1952, 84 Seiten, 29 Abb., kartoniert DM 4,80

HEFT 16
Prof. Dr. Dr. h. c. Rudolf Seyffert, Köln
Die Problematik der Distribution
Prof. Dr. Theodor Beste, Köln
Der Leistungslohn
1952, 70 Seiten, 1 Abb., kartoniert DM 3,50

HEFT 20
M. Zvegintzov, London
Wissenschaftliche Forschung und die Auswertung ihrer Ergebnisse
Ziel und Tätigkeit der National Research Development Corporation
Dr. Alexander King, London
Wissenschaft und internationale Beziehungen
1954, 88 Seiten, kartoniert DM 4,20

HEFT 21a
Prof. Dr. Dr. h. c. Otto Hahn, Göttingen
Die Bedeutung der Grundlagenforschung für die Wirtschaft
Prof. Dr. Siegfried Strugger, Münster
Die Erforschung des Wasser- und Nährsalztransportes im Pflanzenkörper mit Hilfe der fluoreszenzmikroskopischen Kinematographie
1953, 74 Seiten, 26 Abb., kartoniert DM 5,—

HEFT 22
Prof. Dr. Johannes von Allesch, Göttingen
Die Bedeutung der Psychologie im öffentlichen Leben
Prof. Dr. Otto Graf, Dortmund
Triebfedern menschlicher Leistung
1953, 80 Seiten, 19 Abb., kartoniert DM 4,—

HEFT 38
Dr. Colin E. Cherry, London
Kybernetik. Die Beziehung zwischen Mensch und Maschine
Prof. Dr. Erich Pietsch, Clausthal-Zellerfeld
Dokumentation und mechanisches Gedächtnis — zur Frage der Ökonomie der geistigen Arbeit
1954, 108 Seiten, 31 Abb., kartoniert DM 5,25

HEFT 46
Prof. Dr. Wilhelm Weltzien, Krefeld
Ausblick auf die Entwicklung synthetischer Fasern
Prof. Dr. Walther G. Hoffmann, Münster
Wachstumsprobleme der Wirtschaft
1959, 82 Seiten, 6 Abb., kartoniert DM 5,40

HEFT 47
Staatssekretär Prof. Dr. h. c. Dr.-Ing. E. h. Leo Brandt, Düsseldorf
Die praktische Förderung der Forschung in Nordrhein-Westfalen
Prof. Dr. Ludwig Raiser, Bad Godesberg
Die Förderung der angewandten Forschung durch die Deutsche Forschungsgemeinschaft
1957, 108 Seiten, 82 Abb., kartoniert DM 9,55

HEFT 75
Prof. Dr. Wilhelm Klemm, Münster
Neue Wertigkeitsstufen bei Übergangselementen
Prof. Dr.-Ing. Helmut Zahn, Aachen
Die Wollforschung in Chemie und Physik von heute
1960, 87 Seiten, 21 Abb., 23 Tabellen, kartoniert DM 8,40

HEFT 86
Prof. Dr.-Ing. Paul Denzel, Aachen
Technische Probleme der Energieumwandlung und -fortleitung
1960, 28 Seiten, 5 Abb., kartoniert DM 2,40

WESTDEUTSCHER VERLAG · KÖLN UND OPLADEN
567 Opladen/Rhld., Ophovener Straße 1-3

GPSR Compliance
The European Union's (EU) General Product Safety Regulation (GPSR) is a set of rules that requires consumer products to be safe and our obligations to ensure this.

If you have any concerns about our products, you can contact us on

ProductSafety@springernature.com

In case Publisher is established outside the EU, the EU authorized representative is:

Springer Nature Customer Service Center GmbH
Europaplatz 3
69115 Heidelberg, Germany

www.ingramcontent.com/pod-product-compliance
Ingram Content Group UK Ltd.
Pitfield, Milton Keynes, MK11 3LW, UK
UKHW061659190726
13853UKWH00008B/2291
* 9 7 8 3 6 6 3 0 6 6 4 7 7 *